Eiko Weigand

Hunde lieben starke Chefs

Ein humorvoller Ratgeber
zum Thema Hund

2. Auflage 2016
Verlag Weigand-Bücher
© Eiko Weigand
Kontakt: info@weigand-buecher.de
Alle Rechte vorbehalten
ISBN 978-3-00-033806-9

INHALT

VORWORT 6

STUBENREIN 8

DAS FRESSEN 16

SCHLAFEN 24

UNTERORDNUNG 32

EIGENTUM 42

DIE LEINE 52

BEIM TIERARZT 60

ANKNABBERN 66

BEISSHEMMUNG 74

NACHWORT 80

Vorwort

Sie haben sich also einen Hund gekauft!*

Oder Sie haben einen geschenkt bekommen, oder (sehr löblich!) einen aus dem Tierheim befreit. Wie auch immer, eine gute Entscheidung! Wie gut, das hängt ganz entscheidend von Ihnen selbst ab.

Im Allgemeinen sind Hunde sehr sympathische Tiere. Sie sind treu, anhänglich, verlässlich und haben auch sonst noch eine Fülle guter Eigenschaften, die man bei dem einen oder anderen Zeitgenossen schmerzlich vermisst.

Doch, um es einmal in Soziologen-Deutsch zu sagen: Jeder ist das Produkt seiner Erziehung. Dieser Spruch ist ursprünglich auf den Menschen gemünzt und diesbezüglich von zweifelhaftem Wert. Allerdings auf den Hund bezogen steckt viel Wahrheit in dieser Aussage.

Es liegt hauptsächlich an Ihnen, dem Hundebesitzer, ob sich Ihr Vierbeiner zu einem angenehmen Zeitgenossen, einem treuen Gefährten entwickelt, oder zu einem nervraubenden Köter, schlimmstenfalls sogar zu einem gemeingefährlichen Monstrum. Sie haben also nicht nur das Recht, sondern die Pflicht, Ihrem Hund gegenüber den „Leitwolf" zu spielen.

Zugegeben, dass es sich bei dem vorliegenden Buch nicht um einen höchst ausführlichen wissenschaftlichen Meilenstein in Sachen Verhal-

tenspsychologie handelt, wird dem geneigten Leser wohl von vorne-
hereinklar sein. Dass es nicht zuletzt - oder besser in erster Linie - um
humorvolle Unterhaltung geht, wohl auch. Aber, und dieser Punkt ist
mir wichtig, im Kern, das heißt ohne die satirischen Übertreibungen,
sind die Aussagen dieses Buches durchaus ernst zu nehmen und be-
folgenswert. So soll Sie dieses Büchlein nicht nur unterhalten, sondern
auch eine kleine Hilfe sein.

* „Auf den Hund gekommen" lassen wir an dieser Stelle weg, das Verfallsdatum dieses Jokes ist schon erheblich
überschritten.

STUBENREIN

Bevor Sie zum Tierarzt gehen, um sich zu erkundigen, ob Ihr junges, süßes Hundchen eine schwerwiegende Krankheit hat - offenkundig ist da eine undichte Stelle - seien Sie versichert: Das muss so sein, dass er dauernd muss bzw. macht. Das ist normal. Das würde ja auch gar nicht so viel machen, aber muss es denn anstatt draußen auf dem neuen Teppich sein?

Ihr sonst so liebenswürdiger neuer Mitbewohner würde, wenn er die Brisanz dieses Problems nachvollziehen könnte, die Frage eher andersherum stellen: Warum seid ihr Menschen denn so selten draußen - ähh ... und was ist überhaupt draußen? Nun gut, auch Letzteres wird

Ihr Welpe irgendwann spitzkriegen, doch vorerst gilt leider: Dem neuen Hausgenossen ist keine Gelegenheit zu gering, um Ihre Wohnung

gleichmäßig anzufeuchten. Er muss nach jedem Schläfchen, nach jedem Fressen, immer wenn einer oder auch er selbst nach Hause kommt, immer wenn er sich freut oder aufgeregt ist oder auch mal ganz entspannt auf Frauchens Arm auf ihren bis dahin einfarbigen Angorapulli. Wie unangenehm! Es führt kein Weg an der Erkenntnis vorbei: Hunde sind von Natur aus nicht stubenrein!

Bevor Sie jetzt mit der Erziehungsarbeit anfangen, eins vorneweg: Auch wenn es manchmal noch so ärgerlich ist, welchen „Geschäftsort" Ihr Hund gewählt hat, seien Sie ihm nicht böse. Er kann es beim besten Willen noch nicht wissen, wo er beim Wasserlassen sein Wasser lassen soll, bzw. wo er es lieber lassen sollte.

In diesem Zusammenhang muss sicherheitshalber noch mal klargestellt werden, dass Ausraster wie Nase in Häufchen oder Pfütze drücken, Hauen, Schreien etc. allerstrengstens verboten sind - das sollte sich allerdings schon herumgesprochen haben.

Auch die Angewohnheit vieler Welpen, ihr Herrchen mit einem Freudenbächlein zu begrüßen, sollte nicht mit Ärger quittiert werden. Trotz gegenteiliger Wirkung: Es handelt sich um eine Beschwichtigungsgeste, ein Überbleibsel aus der Dunkelkammer der Evolution, aus einer Zeit, als Ihr Hund noch unter den Wölfen lebte und Teppiche völlig unbekannt waren. Auf eine solche Beschwichtigungsgeste wütend zu reagieren, ist der sicherste Weg, Ihren Hund neurotisch zu machen.

Wenn in Ihnen jetzt der Gedanke auftauchen sollte, ob es nicht ratsam gewesen wäre, im Zuge des Hundekaufs die Wohnung vollständig zu verfliesen, nur ruhig Blut, es gibt durchaus Mittel und Wege, den Hund in Ihrem Sinne zu beeinflussen. Grundsätzlich sind Hunde durchaus kooperativ. Falls sie verstehen, was das Herrchen von ihnen will, tun

sie das durchaus … öfter … manchmal sogar immer öfter … zumindest, wenn keine schwerwiegenden Gründe dagegensprechen. Und in diesem Fall spricht nichts dagegen, im Gegenteil: Im Gegensatz zu reinen Pflanzenfressern, die ihre Notduft einfach „rausfallen" lassen, sind Fleisch- und Allesfresser wesentlich diskreter. Sie suchen einen separaten Ort auf - erwachsene Wölfe z.B. kämen nie auf die Idee, sich direkt auf dem Gruppenlagerplatz zu erleichtern. Das wäre eine grobe Unhöflichkeit.

Ihr kleiner, reizender Welpe wird sich bestimmt auch früher oder später an die Konventionen halten, aber er ist halt noch so klein und muss alles noch lernen …

Also, was tun?

Loben!

Loben Sie ihn jedes Mal, wenn er draußen macht. Ja, provozieren Sie dieses Lob geradezu, setzen Sie ihn auf den Rasen, warten Sie geduldig, bis es so weit ist. Er muss lernen, wenn es hier außerhalb des Hauses passiert, ist er der Größte.

Falls Ihr Hund sich anschickt, in der Wohnung sein Geschäft zu erledigen: Schnell reagieren. Raus mit ihm auf den Rasen, und macht er dann, wieder loben, was das Zeug hält.

Wenn er sich allerdings von Ihnen unbemerkt drinnen erleichtert hat: Ärger herunterschlucken, wegputzen und das nächste Mal besser aufpassen. Jetzt zu strafen, wäre für Ihren Hund völlig unverständlich.

Generell ist die Bestrafung bei Hunden nur dann sinnvoll, wenn sie unmittelbar auf die Tat folgt, zeitlich versetzt kann ein Hund den Zusammenhang nicht mehr erkennen.

Die meisten Hundepsychologen und -pädagogen lehnen Strafen sowieso ab, und in der Tat ist die positive Verstärkung* in der Regel effektiver - und einfach netter.

*Später dazu mehr (Kapitel 4)

DAS FRESSEN

Hunde haben fast immer Hunger.

Oder doch zumindest Appetit. Vorab soll an dieser Stelle nicht verschwiegen werden, dass es der Gesundheit abträglich ist, zu dick zu sein (ich bitte den korpulenten Leser, dies nicht persönlich zu nehmen).

Wie allgemein bekannt, stammt unser liebenswerter Haushund vom Wolf ab. Und im Leben eines Wolfes hat es sich als überaus nützlich erwiesen, so schnell wie möglich und so viel wie möglich zu fressen, und nach Möglichkeit alles, was zu kriegen ist (obwohl semantisch der Trugschluss nahe liegt, er wird dadurch nicht zum Allesfresser). Ein Wolf ist also aus Prinzip nicht satt, außer er hätte sich total überfressen. In der Natur hat er äußerst selten die Gelegenheit dazu, und oft genug muss so eine Portion dann auch für Wochen vorhalten.

Ihr Hund ist in seiner Vorliebe für XXL-Mahlzeiten seinem Vorfahren in der Regel sehr ähnlich. Machen Sie beim Füttern also nicht den Fehler, dem ungehemmten Fress-

drang Ihres Hundes nachzugeben. Die Folgen, gerade bei kurzbeinigen Rassen, können fürchterlich sein. Mit wundgescheuerten Bäuchen, Steckenbleiben in Schneewehen oder unkontrolliertem Wegkollern an Hängen etc. ist nicht zu spaßen. Auch die Konstellation, dass nicht mehr der Hund an der Leine zieht, sondern Sie den Hund ziehen müssen, ist nicht wirklich wünschenswert.

Beim Transport großer, übergewichtiger Hunde besteht zusätzlich die Gefahr, das zulässige Gesamtgewicht Ihres Autos zu überschreiten. Gut, die eben aufgeführten Beispiele mögen etwas überzeichnet erscheinen, festzuhalten bleibt aber: Sie tun Ihrem Hund keinen Gefallen, wenn Sie ihm in puncto Fressen zu oft einen Gefallen tun.

Was, Ihr Hund hat gar nicht dauernd Hunger, er isst nur so viel, bis er satt ist, und lässt den Rest stehen?

Dann, erstens, noch mal genau nachsehen, ob Sie in den letzten Jahren nicht versehentlich für eine Katze Hundesteuer gezahlt haben, und zweitens, falls das nicht der Fall sein sollte, herzlichen Glückwunsch: Sie müssen nicht angesichts eines mitleidheischenden Hundeblickes konsequent bleiben.

Denn sein wir ehrlich, es gibt an Hunden durchaus liebenswertere Eigenschaften als ihre Fressgier und ihre oft

Unschuldig in Not geratener, vom Schicksal grausam benachteiligter Hund, der nicht mehr leben will wie ein solcher, bittet um eine milde Gabe, **Danke**

penetrant ausgeprägte Bereitschaft, wirklich jeden anzubetteln - und das ständig. Ja, es gibt sie tatsächlich, diese nicht gierigen Hunde (allerdings außerordentlich selten).

Sie haben ganz spezielle Vorlieben in Sachen Art der Speisen, Darreichungsform und Tageszeit. Mit anderen Worten: Das Setting muss stimmen, sonst geht bei ihnen gar nichts. Das Rümpfen der Nase scheint der häufigste Gebrauch ihrer Gesichtsmuskeln und sie erwarten zumindest Lob, wenn nicht gar Beifall, wenn sie ausnahmsweise ihren Napf mal leer fressen.

Diese Hunde haben zudem die unangenehme Eigenschaft, z.B. einen Autoren wie mich, so wie auch andere in Sachen Hund Forschende, mit der irritierenden Tatsache zu konfrontieren, dass es sie einerseits gar nicht geben dürfte, es sie andererseits aber gibt. Ein Hund dieser

Art scheint eben nicht mehr mit dem Wolf verwandt zu sein, er bestreitet sozusagen seine genetischen Wurzeln. Und da man als Wissenschaftsgläubiger auf verlässliche und berechenbare Erklärungen großen Wert legt, schätzt man das Verhalten dieser Hunde gar nicht. Doch es gibt in den meisten Fällen eine Ursache dieses Phänomens und insofern auch eine Lösung. Das Stichwort heißt Verknappung: „Mein lieber Hund, Futter ist ein seltenes Gut. Wenn du deinen Napf nicht sofort

leer frisst, ist er plötzlich nicht mehr da und kommt frühestens morgen wieder."

In der Regel sind solche Maßnahmen allerdings gar nicht nötig, denn: Die meisten Hunde haben fast immer Hunger!

Und da sie Hunger haben - richtig - gibt man ihnen was zu fressen! Einiges ist dabei allerdings zu beachten.

Grundsätzlich steht bei einem Hund das Fressen an erster Stelle. Zum Leidwesen vieler romantisch veranlagter Hundebesitzer noch vor der Liebe zu Herrchen und Frauchen oder seinem Hang zu erotischen Eskapaden. Doch es darf nicht vor dem Gehorsam kommen! Und so ist es ganz entscheidend, auf welche Art und Weise Sie Ihrem Hund sein Fressen zukommen lassen.

Also, was tun?

Am vernünftigsten wäre es, Hunde ausschließlich per Hand zu füttern, und das nur nach bestimmten Vorleistungen (Sitz, Platz etc.). Also morgens die Futtermenge für einen Tag abmessen und auf die eventuell vorhandenen Familienmitglieder verteilen.

Jeder trägt seinen Teil in der Hosentasche (bei frischen Innereien nicht unbedingt empfehlenswert) und gibt dem Hund davon z.B. nach einer Gehorsamkeitsübung oder einfach, wenn er freudig kommt.

Falls Ihnen diese Art zu füttern zu zeitaufwendig erscheint - und sie ist in der Tat nicht so richtig praktikabel - beachten Sie bitte folgende Ratschläge:

1. Ihrem Hund muss unbedingt klar sein, dass sein Futter von Ihnen kommt. Bereiten Sie es also in seinem Beisein zu.

2. Er sollte erst an seinen Napf dürfen, wenn Sie ihm ausdrücklich die Erlaubnis dazu erteilen.

3. Sie müssen jederzeit das Recht und die Möglichkeit dazu haben, ihm das Fressen wegzunehmen, ohne dass er aggressiv wird.

Probieren Sie das ruhig ab und zu aus. Knurren oder andere ungehörige Bemerkungen sollten Sie ihrem Hund auf keinen Fall durchgehen lassen. Dasselbe gilt übrigens genauso selbstverständlich für den Kauknochen.

SCHLAFEN

Hunde haben die beneidenswerte Fähigkeit, die unter Menschen nur wenigen Zeitgenossen vergönnt ist, nämlich ein Nickerchen zu machen, wenn ihnen und die Gelegenheit danach ist - und das scheinbar völlig

unabhängig von Lärmquellen der Umgebung. Stark befahrene Bundesstraßen - uninteressant, Baulärm - geht mich nichts an, phonstarke Rockmusik - auch egal. Außer wenn eine Mundharmonika mitspielt: War das nicht eben Wolfsgeheul? Denn sobald irgendetwas von Interesse passiert, sind sie sofort wieder hellwach. Eine geräuschvoll schleudernde Waschmaschine wird vom sich anschleichenden Briefträger deutlich übertönt.

Grundsätzlich ist das Schlafen etwas, das Hunde hervorragend beherrschen, etwas, wozu sie keinerlei erzieherische Anleitung benötigen. In diesem Punkt besteht keinerlei Handlungsbedarf. Anders als bei Menschenkindern sind weder Gutenacht-Geschichten noch Wiegenlieder von Nöten, Sie dürfen natürlich ..., aber es ist wirklich nicht nötig.

Die Fragen, die sich stellen, sind allerdings: Wo soll Ihr Hund schlafen, und wo will er schlafen, und wenn sich das nicht entspricht, was tun?

Für Hunde ist es an sich selbstverständlich, zum Schlafen die Hör- und Riechnähe oder am Besten sogar den Körperkontakt zu ihrem Rudel (das sind Sie bzw. Ihre Familie) zu suchen. Das kann unter Menschen zum Problem werden.

Hundebesitzer gehen damit auf die verschiedenste Art und Weise um. Für viele ist es völlig klar, dass ein Hund im Schlafzimmer nichts verloren hat. Wieder andere geben ihrem Liebling nur allzu gerne nach und halten sogar ein Plätzchen in ihrem Bett für ihn bereit.

Letzteres sollte man allerdings nur in Erwägung ziehen, wenn der Hund sich mindestens ebenso oft duscht wie sein Besitzer. Da es aber unsere geliebten Vierbeiner in der Regel mit der Körperhygiene nicht so genau nehmen, liegt es insofern nahe, sie auszuquartieren, oder besser, sie erst gar nicht einzuquartieren.

Dann steht aber zu befürchten, dass Ihr Hund, vor allem wenn er noch Welpe ist, nichts unversucht lässt, Sie zu sich zu locken - wenn er schon nicht zu Ihnen kann. Gewöhnlich geschieht das bei den Kleinen

durch gotterbärmliches, steinerweichendes Gejaule und Gequieke. Bei den Größeren ist z.B. das Ausbellen imaginärer Einbrecher eine bewährte Taktik. Falls Sie nun auf die Idee verfallen sollten, zu Ihrem Hund zu gehen, ihn zu trösten, ihn zu beruhigen, um Ihre wohlverdiente Nachtruhe zu retten … Pustekuchen. Ihr Hund weiß jetzt: Wenn ich nachts heule oder belle, bekomme ich lieben Besuch.

Allerdings auch das Gegenteil, also ihm verbal die Probleme dünner Neubauwohnungswände, hysterischer Nachbarn, Mietvertragsklauseln und nicht zuletzt das aus einem aufreibenden Job resultierende nächtliche Ruhebedürfnis eindringlich zu schildern - mit anderen Worten ihn ordentlich auszuschimpfen - zeigt nicht unbedingt das erwünschte Ergebnis.

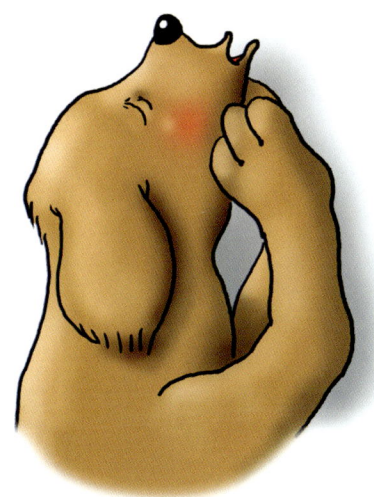

Ihr Hund weiß dann: Wenn ich nachts heule, bekomme ich unfreundlichen Besuch. Besser als nichts!

Also, was tun?

Genau genommen gibt es keinen vernünftigen Grund, Ihren Hund nicht in Ihrer Nähe schlafen zu lassen. Selbstverständlich nicht im Bett, aber doch zumindest in Hörweite. Wenn Sie allerdings etwas dagegen haben, dass Ihr Hund sich im Schlafzimmer aufhält, vielleicht weil Sie auch zu den Menschen gehören, die einen sehr leichten Schlaf haben und schon beim leisesten Hundeschnaufer aufwachen, so müssen Sie sich eben auf ein paar unruhige Nächte einstellen, in denen der Welpe sich mehr oder weniger geräuschvoll über seine Einsamkeit beklagt. Wie schon erwähnt, da hilft weder Schimpfen noch Trösten. Nur Aushalten. Es gibt sich mit der Zeit.

Die Erfahrung zeigt Ihrem Hund:

1. Nachts bin ich allein, das ist zwar nicht so schön, aber unser Territorium ist extrem sicher, nachts passiert nie was.

2. Es bringt überhaupt nichts, nachts Rabatz zu machen.

3. Herrchen und/oder Frauchen verschwinden nicht über Nacht, sie sind morgens noch da - diese Tatsache beruhigt ungemein.

Außerdem können und sollten Sie Ihrem Hund entgegenkommen. Richten Sie ihm einen netten Schlafplatz ein, auf dem er auf Dauer seine Nachtruhe verbringen soll. Am Besten an strategisch zentraler Position innerhalb Ihrer Wohnung, Hunde wissen das zu schätzen. Und lassen Sie ihm etwas mit Ihrem Geruch da, das schafft emotionale Wärme.

Übrigens den Welpen erst mal, so bis auf Weiteres, weil er ja noch so klein und schrecklich süß ist, mit ins Bett nehmen, um ihn dann später auszuquartieren, ist eine schlechte Variante. Denn dann käme er sich bestraft vor und Sie legen mit Ihrem Verhalten den Grundstein für einen Konflikt, mit dem Sie sich dann bestimmt noch lange und nachhaltig herumärgern können.

UNTERORDNUNG

Hunde haben, zum Leidwesen so mancher liberal gesinnten Hunde-
halter, ein durch und durch autoritäres Weltbild. Mit ihnen ein gleich-
berechtigtes Miteinander ohne Über- und Unterordnung zu verwirklichen,
ihr Verhalten über Einsicht und Vernunft zu beeinflussen, ist ein äußerst
fragwürdiges Unterfangen.

Für Hunde gibt es nur Führer oder Untergebener, und dass Sie, als
Herrchen oder Frauchen, in diesem Verhältnis der Chef sind, sollte auf
keinen Fall und zu keinem Zeitpunkt infrage stehen: also eine klare

Hierarchie: Mensch oben, Hund darunter (schließlich zahlen Sie die Hundesteuer). Alles andere wäre nicht nur anstrengend und nervraubend - der Hund würde Ihnen über kurz oder lang gnadenlos auf der Nase herumtanzen - sondern, falls man es mit der menschlichen Unterordnung zu weit treibt, kann es auch wirklich gefährlich werden. Lebt ein Hund zu lange in dem Missverständnis, dass ihm die Rudelführung übertragen wurde, darf man sich nicht wundern, wenn er dann auch mal kräftig zubeißt, wenn ein Untergebener nicht spurt. Das ist gerade bei großen Exemplaren gar nicht lustig.

Glücklicherweise sind Hunde so veranlagt, Menschen als ihre Herren anzuerkennen. Da ist auf dem langen Weg vom Wolf zum Hund züchterisch doch einiges geleistet worden. Die übelsten Rabauken wurden aussortiert bzw. haben sich durch Flucht der Zucht (und Ordnung) entzogen. Das wichtigste Argument in Sachen Hierarchie ist aber natürlich: Der Mensch hat den Schlüssel zur Speisekammer, um es bildlich auszudrücken. Ich vermute aller-

dings, es ist noch mehr als das. Hunde spüren instinktiv, dass wir Menschen auch sonst noch eine Menge auf dem Kasten haben. Ich würde so weit gehen zu behaupten, dass sie so intelligent sind, mitzukriegen, dass Menschen noch wesentlich intelligenter sind als Hunde.

Mein erster Schultag

Doch selbstverständlich: Erziehung tut not! Und damit kann man nie zu früh anfangen. Natürlich langsam und in netter Form, aber konsequent und nachdrücklich. Und deutlich!

Womit nicht etwa die Lautstärke gemeint ist. In puncto Hundeerziehung hat es nämlich keinerlei Vorteile, wenn die gesamte Hausgemeinschaft erfährt, dass Sie gerade Ihrem Hund „Sitz" beibringen. Wenn Hunde so gut gehorchen würden, wie sie hören, könnte man sich dieses Kapitel sparen.

Mit deutlich ist kurz und knapp gemeint. Lange Sätze verwirren Hunde eher, ebenso grammatikalische Feinheiten wie „Wenn Du die Güte gehabt haben würdest, Sitz zu machen, hätte ich mich daraufhin veranlasst gesehen, Dir Dein Futter zubereitet zu haben."

So nicht!

Um sich Ihrem Hund gut verständlich zu machen, benutzen Sie am besten einfache, klare und gut zu unterscheidende Signalworte wie Sitz, Platz, Komm, Lauf etc. Dabei ist es unerheblich, ob Sie beispielsweise statt Sitz Hocker oder Stuhl sagen, Hauptsache Sie verwenden immer dasselbe Wort für dieselbe Sache.

Außerordentlich wichtig ist es auch, dass Sie Ihren Hund persönlich ansprechen. Das heißt nur in zweiter Linie, ihn bei seinem Namen zu nennen, entscheidend ist es, Blickkontakt herzustellen. Gerade bei ihm nicht genehmen Anweisungen wird er auch die kleinste Chance nutzen, sich nicht gemeint zu fühlen. Erst der Blickkontakt gibt Ihrem Hund das Gefühl: „Ach Gott, Herrchen meint ja mich".

Das setzt natürlich voraus, dass Ihr Hund Sie überhaupt sehen kann. Falls Sie also einen Langhaarhund haben, schneiden Sie regelmäßig (und vorsichtig!) seinen Pony, oder binden Sie die Haare mit einem Schleifchen zusammmen (selbst Rüden haben da im Allgemeinen keine ästhetischen Einwände).

Das Gerücht, bestimmte Rassen bräuchten die Zotteln vor den Augen aus Gesundheitsgründen, kann eindeutig in die Welt der Mythen und Sagen verwiesen werden.

Also, was tun?

1. Grundsätzlich ist das Prinzip der positiven Verstärkung das erfolgreichste. Das bedeutet, durch ständig wiederholte Erfahrung wird dem Hund klar, dass gutes Benehmen sich auszahlt. Schlechtes Benehmen wird dagegen nicht bestraft. Das erscheint auf den ersten Blick unlogisch, würde man doch meinen, doppelt hält besser. Aber einerseits kann beim Bestrafen viel schief gehen - oft weiß ein Hund ja überhaupt nicht, warum der Mensch jetzt schon wieder ausrastet - und andererseits ist es auch gar nicht gut für die Psyche des Menschen, dauernd zu strafen - das schadet dem Charakter.

2. Aber Sie sollen natürlich auch „streng" sein. Streng heißt, entschieden und bestimmt, eben so, wie es sich für einen guten Chef gehört. Es ist an Ihnen festzulegen, was angesagt ist und was nicht! Das setzt natürlich auch voraus, dass Ihre Befehle unmissverständlich sind, in einer klaren und knappen Sprache und eben auch immer mit den gleichen Signalwörtern.

3. Vergessen Sie das Freigeben nicht. Zur Unmissverständlichkeit gehört nicht nur, dass Sie festlegen, was Ihr Hund zu tun und zu lassen hat, sondern auch wann eine Übung beginnt und wie lange sie dauert. Wann gespielt wird und wann damit aufgehört wird, wann ein Befehl gilt (in der Regel eben sofort) und wann er aufgehoben wird, entscheiden

Sie. Erst das Freigeben (Abbruch des Blickkontakts, entsprechendes Signalwort) entlässt Ihren Hund aus der Pflicht. Wenn Sie ihn nicht an diesen Ablauf gewöhnen, wird er jeglichen Befehl nur auf einen Augenblick beziehen, und Sie werden sich ständig wiederholen müssen.

Also, nach jedem „Sitz" folgt auch irgendwann ein „Lauf" (soll meinen, jetzt hast Du frei, tu was Dir beliebt).

3. Fangen Sie früh mit der Erziehungsarbeit an. Schon mit einem Welpen können Sie einfache Übungen machen.

Sitz zum Beispiel:

Futter vor die Nase halten und Signalwort. Nun „Sitz", Futter höher halten, erst in Augenhöhe, dann über der Stirn - ach was, er sitzt ja schon längst, weil er sonst nämlich umgefallen wäre. Schnell das Futterstückchen geben und LOBEN!

4. Bei all dem ist das Wichtigste: Ihr Hund soll erkennen, dass ihm Gehorchen nur Vorteile bringt, in Form von Lob oder dem einen oder anderen Leckerli, und dass er sich andererseits mit Ungehorsam nur Ärger einhandelt.

Ein anderer wichtiger Aspekt, vor allem beim Welpen, ist Ihre Attraktivität. Nein, es ist nicht vom mehr oder weniger gelungenen Outfit die Rede. Es geht darum, dass es die Erziehungsarbeit enorm erleichtert, wenn Ihr Hund Sie toll findet. Das bedeutet z.B., dass man mit Ihnen supergut spielen kann, dass Sie immer so spannende Sachen machen, überraschend und witzig sind - kurz gesagt, ein 1A Spielkamerad. Gleichzeitig findet es Ihr Hund auch unheimlich gut, wenn Sie beherrscht, durchsetzungsstark und überlegen sind und dabei natürlich durch und durch zuverlässig und berechenbar. Genau genommen kann es ja auch gar nicht schaden, so zu sein.

EIGENTUM

Lieben Hunde Fernsehen? Könnte man meinen, ist aber nicht so. Selbst potenziell interessante Sendungen, wie beispielsweise Werbung für Hundefutter oder Tierfilme, werden Ihren Vierbeiner schon deshalb nicht begeistern, weil die Mattscheibe nicht die entsprechenden Duftstoffe mitliefert - etwas, das nicht riecht, ist nicht wirklich existent.

Dem optischen Geschehen sind Hunde weder bereit noch in der Lage zu folgen, allenfalls akustische Signale wie Bellen oder Miauen können sie aus der Reserve locken.

„Warum aber um alles in der Welt", so werden Sie sich vielleicht fragen, „will mein Hund dann immer gerade auf dem Fernsehsessel liegen, obwohl das doch mein Lieblingsplatz ist?" Schätzungsweise, *weil* es Ihr Lieblingsplatz ist. Der Platz vom Chef eben, und der ist ja schon deshalb der beste, weil er der Platz vom Chef ist.

Die Sache mit dem Eigentum ist ja recht eigentümlich. Das, was den Besitz erst so richtig interessant macht, ist, dass ihn andere eben nicht haben. Ein Recht scheint erst dann wirklich erstrebenswert, wenn es ein Vorrecht ist.

Übrigens eine Verhaltensweise, in der Mensch und Hund sich erschreckend ähneln. Jeder kennt die Autofahrer, die allein aufgrund ihrer Automarke die Vorfahrtsregeln neu auslegen. Auch wird ein Königsthron oder Chefsessel nur in den seltensten Fällen deshalb angestrebt, weil es sich um eine besonders bequeme Sitzgelegenheit handelt. So kann

Ihrem Hund der Kauknochen noch so egal sein, allein die Tatsache, dass Sie ihn zurückhaben wollen, macht ihn zum Statussymbol. Und aus dem ungemütlichsten Sessel wird der Platz an der Sonne.

Nun könnte ein betont gutmütiger Hundebesitzer einwenden, dass ihm an Kauknochen nicht sonderlich viel läge und dass außerdem zu viel Fernsehen sowieso ganz schädlich sei. So geht es nicht! Wer keine Macht für sich beansprucht, will offensichtlich keine Macht haben.

Warum sollte ein Hund einem so schlappen Herrchen dann in anderen Situationen noch gehorchen, einem Chef, der es noch nicht einmal fertigbringt, seinen Lieblingsplatz zu verteidigen.

Selbstverständlich geht es bei der Frage der Vorrechte nicht nur um den Lieblingsplatz. Auch die Frage, wer zuerst durch die Tür darf, wer als Erster die Aufmerksamkeit einer freundlichen Begrüßung erfährt oder wer Richtung und Tempo des Spaziergangs bestimmt, ist oft Ausdruck des Kräftemessens.

Also, wenn Sie weniger fernsehen wollen, sollte nicht Ihr Hund die Ursache sein. Wie auch immer man es dreht und wendet: Es findet ein Machtkampf statt. Die Neigung, sich mit seinem Herrchen/Frauchen anzulegen, ist von Hund zu Hund sehr verschieden - übrigens auch von Rasse zu Rasse. Bei einigen Exemplaren wird man das Gefühl nicht los, ein Raubtier zähmen zu müssen, bei anderen fragt man sich, ob es sich nun um einen Schäferhund oder doch eher um ein Schaf handelt. Wirklich kritisch wird es aber spätestens dann, wenn Ihr Hund Sie oder ein anderes Familienmitglied beim Fressen anknurrt, falls man „seinem" Napf zu nahe kommt. Das bedeutet roten Alarm. Wenn Sie jetzt nicht

das Steuer herumreißen, kann der Tag kommen, an dem der Hund sein natürliches Recht einfordert, endlich selbst den Posten des Familien-oberhauptes zu übernehmen.

Also, was tun?

Vorzugsweise ab dem Eintritt in das mit Recht sogenannte Flegelalter - also mit knapp einem bis anderthalb Jahren - versucht Ihr Hund seine Grenzen neu auszuloten. Wenn Sie schon vorher die Weichen richtig gestellt haben und dem Welpen frühzeitig näherbringen konnten, wie der Hase läuft, um so besser, dann wird auch diese Phase keine all zu große Herausforderung werden. Wenn nicht, dann wird's aber Zeit. In diesem Alter ist Ihr Hund bestrebt, seine Stellung innerhalb des Rudels/der Familie aufzuwerten, und je nachdem, wie

penetrant er diese Versuche gestaltet, stellt er dabei Ihre Geduld auf eine mehr oder weniger harte Probe. Spätestens jetzt müssen Sie die Spielregeln klarstellen ... leichter wird es später nicht!

Übrigens, nehmen Sie das nicht persönlich, dass Ihr Hund Sie und Ihre Autorität infrage stellt, das ist erstens völlig normal und zweitens kein Zeichen mangelnder Zuneigung - eher schon eine Frage mangelnden Respekts. Aber mit Respekt ist das ja so eine Sache: Man kann ihn nicht nur erwarten, man muss ihn sich auch verschaffen. Es ist Ihre Aufgabe, Ihrem Hund seine Grenzen deutlich aufzuzeigen und ihn, wenn nötig, in gebührender Form in die Schranken zu weisen. Damit ist natürlich keinesfalls die Prügelstrafe gemeint, sondern eine angemessene Reaktion.

Um es noch einmal festzuhalten: Sie bestimmen, wann ein Spiel oder eine sonstige Aktivität beginnt und wann sie endet und haben das Vorrecht auf sämtliche Liegeplätze. Wenn Ihr Hund sich an diese Regeln nicht hält, passiert gar nichts mehr - kein Spiel, keine Zuwendung, keine Leckerchen. Es sollte dann so richtig öde für ihn werden, damit sich die Entscheidung, sich anständig zu benehmen, auch wirklich lohnt.

Voraussetzung dafür, dass Ihr Hund den Unterschied auch bemerkt, ist natürlich, dass Sie ihn bei Wohlverhalten auch immer schön loben, ihn streicheln, mit gelegentlichen Leckerchen die Laune aufhellen und ihn ganz allgemein mit freundlicher Aufmerksamkeit bedenken - erst dann ist ja der Unterschied zu „nicht mehr so toll" zu spüren.

Das Wichtigste ist aber - wie schon erwähnt - dass Sie der Besitzer des Hundefutters sind und dass es die pure Freundlichkeit ist, dass Sie Ihrem Hund von Zeit zu Zeit etwas davon abgeben. Dieses Verhältnis - so von Futtergeber zu Futternehmer - richtig eingesetzt, ist für sich genommen schon überaus überzeugend - sozusagen das ultimative Argument.

Das Fazit des Kapitels: Sie sind immer und überall der uneingeschränkte Chef! Das hört sich vielleicht alles etwas hart an. Aber Ihr Hund wird es Ihnen danken, er fühlt sich in klaren Strukturen am wohlsten.

Und außerdem: Hunde lieben starke Chefs.

DIE LEINE

Hunde sind sehr mutige Tiere!

Außer wenn sie Angst haben. Das kommt ganz drauf an. Worauf genau, ist oft genug auch beim besten Willen nicht zu klären und wird wohl immer das Geheimnis jedes einzelnen Hundes bleiben.

Denn man kann sich nur wundern, mit welcher Souveränität, mit welcher an Todesverachtung grenzenden Waghalsigkeit sich manche

52

Hunde im Straßenverkehr bewegen, auf welch völlig unverfrorene Weise sie sich gegenüber körperlich deutlich überlegenen Artgenossen daneben benehmen oder sich auf Kämpfe einlassen, bei denen man sich fragt,

ob es sich bei der mangelnden Vorsicht Ihres Hundes nun um Mut oder Wahrnehmungsstörungen handelt. Und dann, z.B. beim Anleinen oder beim Tierarzt, bricht er völlig unverständlicherweise in wilde Panik aus.

Wollen wir doch mal die Sache mit der Leine unter die Lupe nehmen

- sozusagen exemplarisch, verständlich und deshalb das erste Mal Anleinen ist das überhaupt kein wollen wir auch keins gibt Kandidaten, die ma- so ein Zufall, grad Ihrer ist ein sol-cher? Nun ist Ihr Hund ja nicht von Natur aus ein Querulant (obwohl, auch solche soll es geben).

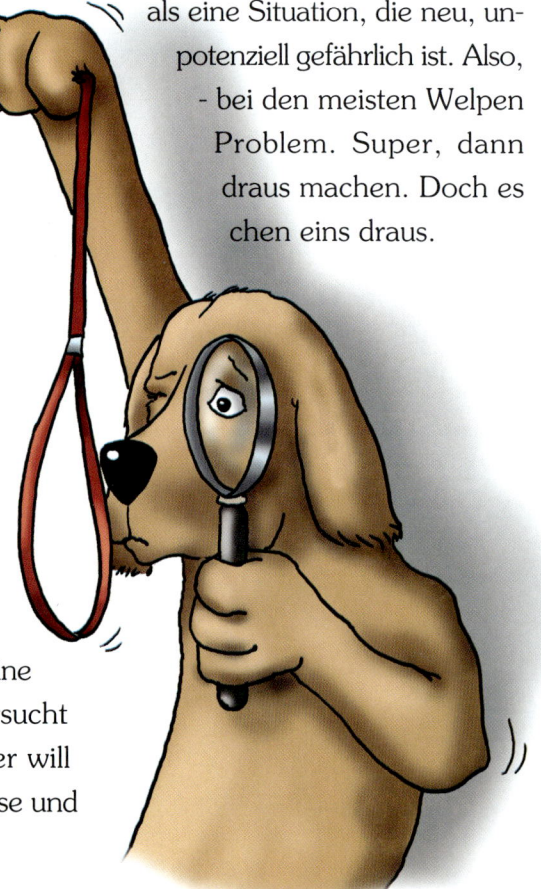

als eine Situation, die neu, un- potenziell gefährlich ist. Also, - bei den meisten Welpen Problem. Super, dann draus machen. Doch es chen eins draus.

Er reagiert mit Un-willen, sträubt und windet sich, wird aggressiv oder scheint wie gelähmt (so eine Art passiver Widerstand), versucht abzulenken und überhaupt, er will lieber auf den Arm, nach Hause und zu Mama.

Mit anderen Worten: Er hat Angst. Das ist ja verständlich, die Situation ist neu und der arme Hund begreift nicht so recht, was man denn eigentlich von ihm will. Auch Sie verstehen das gut. Voller Sympathie reden Sie auf Ihren Hund ein (wenn er Angst hat, ist er ja ungeheuer süß), spenden Trost und beteuern ihm, was er doch für ein netter Hund ist.

Nun sind beim Hund die Kenntnisse der menschlichen Sprache nur recht unvollkommen. Dass wir meinen, er würde uns dennoch so gut verstehen, liegt einerseits daran, dass er gelernt hat, ein verständiges Gesicht zu machen - er weiß, Menschen stehen drauf.

Und andererseits geht der normale Durchschnittsmensch davon aus, dass man ihn schon versteht, wenn er nur deutlich genug redet. Und der Hund

unterstützt ihn in diesem Irrtum durch seine aufmerksame und verständnis-
volle Mimik.

Und irgendwie versteht er Sie ja sogar, aber eben überhaupt nicht
auf der Verstandesebene. Denn ehrlich gesagt, Hunde haben gar keinen
Verstand. Sie haben Gefühle, sie haben oft eine überaus erstaunliche
Intuition und eine Menge Einfühlungsvermögen - aber nichts, was man
auch nur im Entferntesten als Intellekt bezeichnen könnte.

Und ein Teil ihres Einfühlungsvermögens befähigt sie eben dazu, den Tonfall unserer Sprache zu deuten.

Sie haben also eben, als Ihr Hund sich ängstlich angesichts der Leine gezeigt hat, und Sie beruhigend und tröstend auf ihn eingeredet haben, ihn genau genommen in seinem Verhalten bestärkt. Sie haben ihm zu

verstehen gegeben, wie sehr Sie es schätzen, wenn er ängstlich ist, wenn er winselt und quiekt oder auch dass er widerborstig und panisch reagiert. An sich wollten Sie das gar nicht.

Also, was tun?

Vorweg eins: Auch unser Einfühlungsvermögen ist gefragt im Verhältnis Hund - Mensch. Um passend zu reagieren, müssen wir versuchen, zwei verschiedene Gefühlslagen beim Hund zu unterscheiden. Die eine ist Angst, die andere Unwille.

Beide Gefühle äußern sich oft sehr ähnlich, die Reaktion sollte aber natürlich sehr verschieden sein. Während der Unwille nach einer resoluten Zurechtweisung verlangt, geht man mit einem ängstlichen Hund behutsamer um. Letzteres heißt vor allem, Druck raus nehmen, große Ruhe ausstrahlen und ganz eindeutig die Führung der Situation übernehmen, um dem Hund damit Sicherheit zu geben.

Speziell beim Anleinen gilt:

1. Je normaler Sie sich benehmen, wenn Sie Ihrem Hund das erste Mal Halsband und Leine anlegen, um so selbstverständlicher wird es ihm erscheinen. Ein Hund registriert unsere Stimmungslage erstaunlich genau.

2. Falls der Hund doch ängstlich reagiert, ruhig und entschieden sein und den Moment abpassen, in dem seine Angst mal nachlässt (das kommt beim größten Hasenfuß vor). Erst dann soll man ihn loben, ihn zum Laufen und Spielen animieren oder ihm vielleicht ein kleines Leckerchen als Belohnung geben. Merke: Alles, was sich lohnt, ist gut!

BEIM TIERARZT

Wie schon im letzten Kapitel erwähnt: Hunde sind sehr mutige Tiere, außer ... ja, außer wenn sie beim Tierarzt sind - das ist so sehr die Regel, dass es kaum Ausnahmen gibt, um diese Regel zu bestätigen.

Und genau genommen hat Ihr Hund sehr gute Gründe, Angst zu haben. Wie um alles in der Welt sollte er verstehen können, wozu all dies Traktieren mit Spritzen, Zangen, Pinzetten, Skalpellen und sonstigem garstigen Gerät bloß gut sein soll?

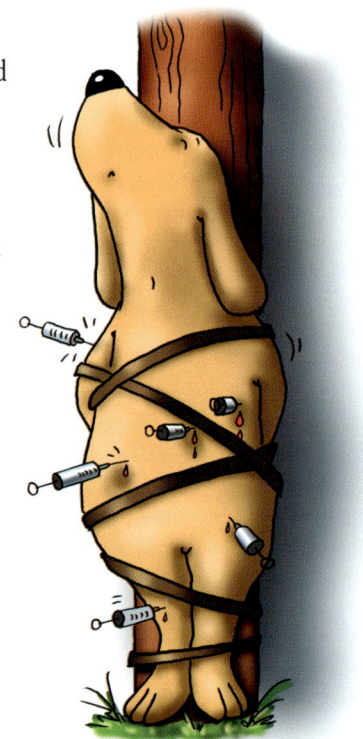

Kein Wunder also, dass er zappelt, quiekt und jault. Und dann noch dieser außerordentlich lästige Fluchtreflex, sobald er auf dem Behandlungstisch Platz nehmen soll. Wieder sind Sie geneigt, ihn zu trösten (man ist ja schließlich kein Unmensch), ihm zu versichern, dass er immer

noch Ihr lieber, guter Hund ist. Und wieder ist es falsch. In einer Situation wie dieser ist Ihre Autorität gefragt. Sie sind das vernunftbegabtere Wesen, und so ist es Ihre Aufgabe, die Sicherheit, die durch die Einsicht in die Notwendigkeit entsteht, auf den Hund zu übertragen. (Den letzten Satz zur Not zweimal lesen.) Übrigens auch Ihr Tierarzt, vorausgesetzt, er versteht sein Handwerk, wird immer versuchen, mit klarer Entschiedenheit Ihren Hund dahin zu bringen, dass er sich in sein Schicksal fügt.

Also, was tun?

Wenn Ihr Hund auf dem Behandlungstisch steht bzw. eben nicht steht, sondern rumzappelt, bitte nicht trösten. Das hieße, ihn in seinem augenblicklichen Verhalten zu bestärken. Zeigen Sie Ihrem Hund ganz entschieden, dass Sie sein Benehmen nicht akzeptieren. Zur Not dürfen Sie sich ihn auch mal ganz beherzt beim Schlafittchen schnappen. Geben Sie ihm mit einem deutlich vernehmbaren „Sitz" unmissverständlich zu verstehen, was das Gebot der Stunde ist - der Zusatz diverser Flüche kann dabei die Wirksamkeit Ihrer Ausführungen unter Umständen erhöhen.

Ihr Hund wird verdattert sein und einen Augenblick Ruhe geben (wenn nicht, waren Sie nicht überzeugend genug, dann noch mal). In diesem kurzen, so köstlichen Augenblick der Ruhe loben Sie ihn unter Aufbietung all Ihrer Liebenswürdigkeit.

Wahrscheinlich wird er nach einiger Zeit wieder zappelig werden. Dann müssen Sie die ganze Prozedur wiederholen. Irgendwann, meist sogar relativ schnell, wird Ihr Hund kapieren, wie er sich beim Tierarzt zu benehmen hat, und wie eben nicht.

An dieser Stelle soll noch einmal deutlich hervorgehoben werden, dass es sich bei diesem Ablauf nicht um eine Bestrafung handelt. Es ist eine Zurechtweisung. Was der Unterschied ist? Die Bestrafung hat eine

moralische Komponente, sie heißt nichts anderes als: Du warst böse, pfui, schäm Dich. Das ist für Hunde eher unpassend, denn Hunde haben nicht nur keinen Verstand, sie haben auch keine Moral. Moral ist eine menschliche Erfindung, als einzige Möglichkeit, den Verstand zu zügeln.

Die Zurechtweisung ist dagegen der reine Ausdruck des Willens, eine Sprache, die Hunde hervorragend verstehen und jederzeit bereit sind zu akzeptieren. Dass es dabei auch körperlich zugehen kann, ist dem

Hund ebenfalls vertraut. Hundebesitzer sind oft zart besaitet - Hunde sind es in der Regel nicht. So soll das Herrchen/Frauchen, das sich bei dem Griff zum Nackenfell schlecht fühlt, sich nicht dazu zwingen - der Hund würde andernfalls eine missverständliche, halbherzige Doppelbotschaft erhalten. Sie sollten, wie auch immer Sie gelagert sind, entsprechend Ihres Naturells reagieren.

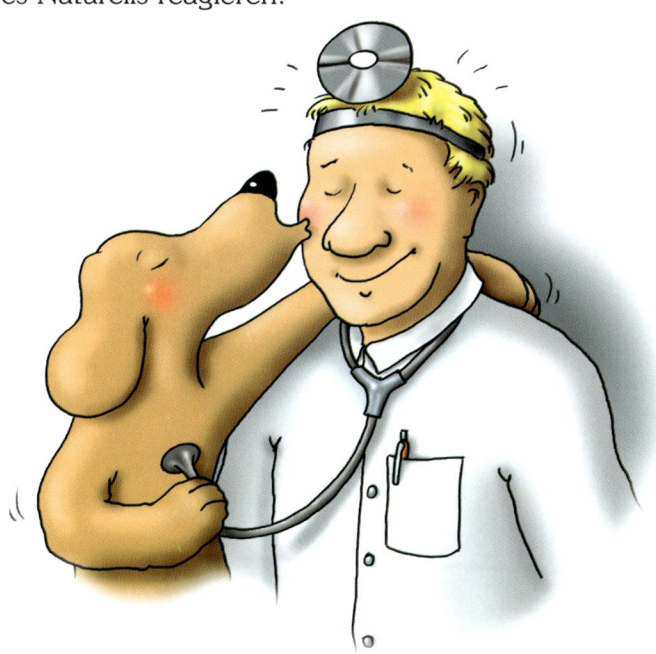

ANKNABBERN

Apropos Benehmen.
Es gibt bei Hunden die
weitverbreitete Unart, alles
und jedes anzukauen.
Nun ist das ja einerseits sehr
verständlich. Die Pfoten Ihres Vierbeiners sind in puncto Feinmotorik
nicht sonderlich hoch entwickelt. Es liegt also nahe, Geschmack, Konsis-
tenz und vor allem Widerstandsfähigkeit interessanter Objekte mit Hilfe
des Gebisses zu ergründen.

Leider Gottes gehen Hunde dabei meist nicht mit dem gebotenen
Feingefühl zu Werke. Abgesehen davon, dass diese Art der Neugier der
Gesundheit Ihres Hundes abträglich sein kann, wird sie sich ebenso für
Ihren gesamten Hausrat als unvorteilhaft erweisen.

Pantoffeln beispielsweise, die ihrem Härtegrad nach einem Hundegebiss ja von vorneherein weit unterlegen sind, verändern sich, während einer eingehenden Untersuchung durch Ihren Liebling, nur selten zu ihrem Vorteil. Auch werden Gebissabdrücke in Stuhl- und Tischbeinen nur von den wenigsten Hundebesitzern als dekorativ empfunden.

Alles in allem ist die Sache mit dem Anknabbern zwar nicht wirklich gefährlich - sieht man mal von eventuellen gesundheitlichen Störungen

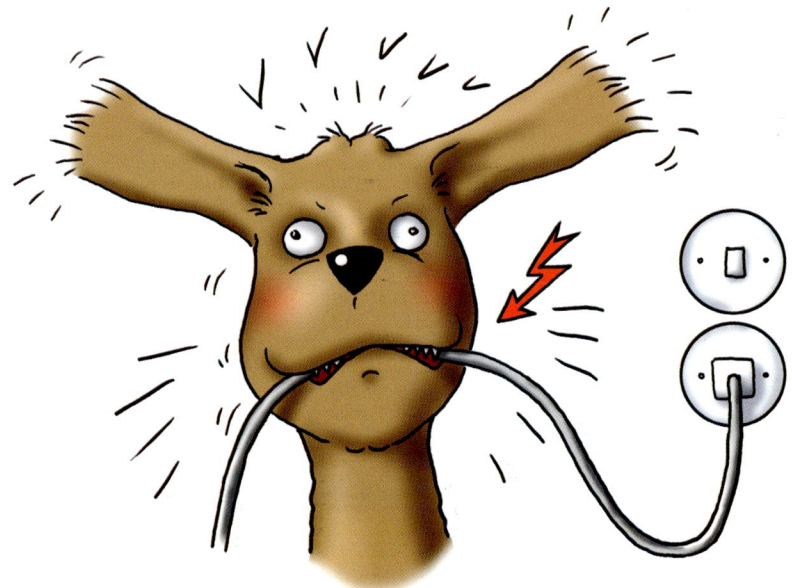

ab, die sich bei Ihrem Hund ergeben können, falls er sich als Spannungs-
prüfer betätigt - aber es ist doch ungeheuer lästig.

Dass Hunde im Allgemeinen gerne rumkauen, liegt wohl an dem
angenehmen Gefühl, das es ihnen bereitet. Dass sie ganz besonders
gerne Ihre Sachen, z.B. Ihre Schuhe, durchkauen, hat seine Ursache
in dem Umstand, dass sie so wunderbar nach Ihnen riechen - sozusagen
Anknabbern mit emotionaler Bindung.

Die Lösung des Problems kann jetzt aber nicht heißen, Ihrem Hund
das Herumknabbern und -kauen grundsätzlich zu verbieten. Abgesehen

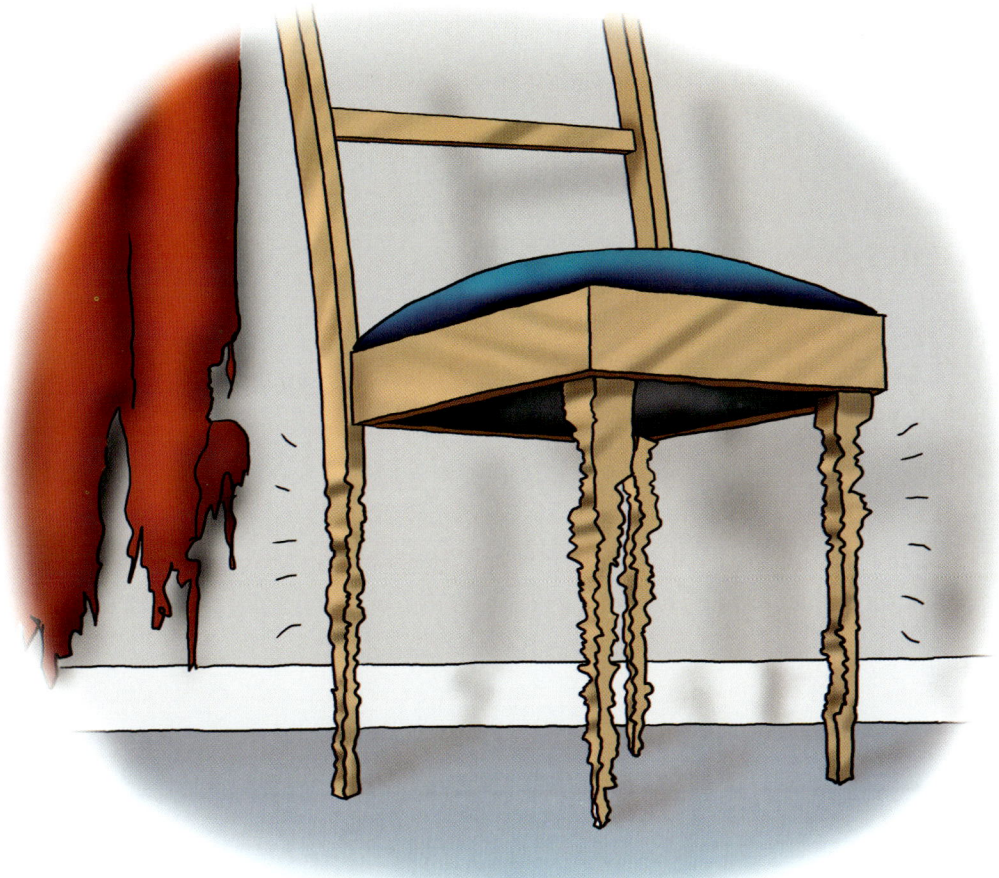

davon, dass es ihm Spaß bringt, ist er von Natur aus darauf programmiert und außerdem ist es gesund für sein Gebiss.

Es ist ja auch nichts dagegen einzuwenden, dass er draußen ein Stöckchen zerlegt oder in der Wohnung den eigens angeschafften Kauknochen durcharbeitet. Sie müssen Ihrem Hund also nur entschieden genug beibiegen, auf was er rumkauen darf, und wann er sich zu beherrschen hat.

Also, was tun?

Sie sollten Ihrem Hund die Bedeutung von „Naah?!" beibringen. Dabei empfiehlt sich eine spezielle Übung:

1. Man wirft einzelne Stückchen Futter, mal hierhin, mal dorthin, der Hund wird sie sich holen, was Sie jedes Mal mit einem aufmunternden „Jaa" (will sagen: Was Du tust, ist recht getan) unterstützen. Schon diese Übung für sich genommen kann für später nützlich sein, um z.B. Ihren Hund in verschiedene Richtungen zu schicken.

2. Man wirft wieder Futter, nur diesmal kommt statt dem „Jaa" ein deutlich vernehmbares, leicht aggressives „Naah?!" In diesem einen Laut muss ein ganzer Satz stecken wie „Freundchen, mach keinen falschen Fehler", oder „Hund, reiß Dich am Riemen". Sie werden sehen, er reagiert, er wird sich hüten, einen „falschen Fehler" zu machen.

Sie sollten diese Übung oft genug wiederholen. Falls Ihr Hund sich dann mal mit Ihren neuen Pantoffeln auseinandersetzen will, können Sie ihn mit einem energischen „Naah?!" zur Ordnung rufen.

Sie sollten ihm idealerweise aber eine Alternative zur Verfügung stellen. Dazu bietet es sich an, einen Kauknochen oder sonstigen geeigneten Kaugegenstand für die Wohnung zu etablieren. Es kann nötig sein, diesen Gegenstand am Anfang entsprechend attraktiv zu machen. Der Hund soll ja genau diesen Gegenstand besser als alles andere finden.

Man erreicht das mit großer Sicherheit, wenn dieses Objekt regelmäßig in ein Spiel mit Ihrem Hund integriert ist und er es nicht wie selbstverständlich bekommt, sondern eher als eine Art Auszeichnung nach Vorleistung. Auf diese Art und Weise wird der Gegenstand wirklich wertvoll.

Eine andere Möglichkeit, das Objekt begehrenswert zu machen, ist, es mit verführerischen Düften zu versehen. Die Auswahl ist da groß, das geht vom Aroma Ihrer zwei Wochen getragenen Socken, würziger Salami bis hin zu penetranten Gerüchen, die Ihr Hund zwar lieben würde, Sie sich selbst aber nicht zumuten sollten. Die Duftnoten diverser Haustiere - die von der Katze des Nachbarn würde Ihren Hund bestimmt entzücken - sollten Sie im Sinne eines auch weiterhin friedlichen

Zusammenlebens besser nicht verwenden. Ihr Vierbeiner könnte davon ableiten, dass Sie es in Ordnung finden, wenn er auf nach Katzen riechenden Gegenständen rumkaut - also eben auch auf Katzen.

Generell ist dieses zurechtweisende, leicht drohende „Naah" natürlich auch in anderen Situationen äußerst nützlich. Ein Ordnungsruf, der ihn aufhorchen lässt und die Machtverhältnisse klarstellt.

Es eignet sich für jede Art von Blödsinn, die Ihr Hund im Begriff ist anzustellen - und so ein Hund hat viel Sinn für Unsinn!

BEISSHEMMUNG

Noch ein Nachtrag zum Knabbern. Hunde haben Menschen zum Fressen gern. Das ist natürlich nicht ganz wörtlich zu nehmen. Allerdings, wenn man bedenkt, wie unsanft gerade Welpen bisweilen mit Fingern, Händen oder auch Unterschenkeln ihrer menschlichen Hausgenossen umgehen …

Man könnte meinen, dass sie sich über den Unterschied zu Pantoffeln oder Kauknochen nicht im Klaren sind. Das mag, wenn Ihr Welpe noch ganz klein ist, sehr possierlich wirken. Er ist ja noch so klein und alles, was er macht, ist dermaßen süß - man ist einfach nicht bereit, ihn wirklich ernst zu nehmen.

Doch wehret den Anfängen! Auch in diesem Punkt gilt: Was Hänschen nicht lernt, lernt Hans nur noch mit den größten Schwierigkeiten!

Hunde haben, wie ihre Vorfahren, die Wölfe, von Natur aus keine Beißhemmung.

So ein Wolfsrudel ist eine ziemlich ruppige Ellenbogengesellschaft. Da heißt es zwar nicht: fressen oder gefressen werden, aber doch fressen oder nicht fressen. Und unterm Strich läuft das ja, je nach Nahrungsangebot - bei Wölfen notorisch knapp - aufs Gleiche hinaus.

Dass man ranghöhere Tiere auf Dauer nicht ungestraft malträtiert, wird selbst dem rauflustigsten kleinen Wolfswelpen sehr schnell und oft recht schmerzlich bewusst gemacht. Gegen seine direkten Konkurrenten, nämlich die Geschwister, muss er sich im wahrsten Sinne des Wortes durchbeißen, denn merke: Der Platz an der Sonne, oder in diesem Fall besser an der Zitze, bekommt man nicht geschenkt.

Nun ist anzunehmen, dass in Ihrer Familie Futterneid völlig überflüssig ist, der Mangel an Nahrung ist in unseren Breiten kein vorrangiges Problem - eher im Gegenteil, das Zuviel hat sich auf unseren Hüften angesiedelt.

Da Sie außerdem, als ranghöheres Tier sozusagen, das Recht haben, auf Ihrer körperlichen Unversehrtheit zu bestehen, teilen Sie Ihrem Hund mit, dass Knabbern, Zwicken und Beißen keine geeigneten Mittel der Kommunikation sind. Übrigens werden diese Mittel bei Wölfen auch nur im Notfall eingesetzt. Die Vorfahren unserer Haushunde haben eine Fülle von Finger- bzw. Pfotenzeigen, die jegliche Konfliktfälle im Vorfeld schon abklären sollten. Mimik, Körperhaltung und Laute ergeben das Gemisch einer sehr differenzierten Konversation. Nur, wie es so ist, die Kleinen hören manchmal nicht so richtig hin - und dann gibt´s Saures. Der Lerneffekt: Nach Knurren kommt Zwicken, also reagiere besser schon nach dem Knurren.

Also, was tun?

Machen Sie Ihrem Hund unmissverständlich klar, wo Ihre Schmerzgrenze liegt. Ob es am besten wäre, wenn Sie Gleiches mit Gleichem vergelten, darüber kann man geteilter Meinung sein - und außerdem: Mann beißt Hund ist eine recht haarige Angelegenheit. Ein Klaps, vorzugsweise unters Kinn, ein paar entschiedene Worte oder Ähnliches tun es auch. Sie werden es schon merken, wenn Ihr Hund Sie versteht.

Wichtig ist dabei nur: Wahren Sie die Verhältnismäßigkeit und seien Sie schnell. Die „Strafe" muss auf dem Fuße folgen, Ihr Hund muss spüren: Wenn ich beiße, tut es mir weh.

NACHWORT

Was? Schon zu Ende?

Zugegeben, das vorliegende Werk ist kein Wälzer im klassischen Sinne - es gibt durchaus umfangreichere Hundeerziehungsratgeber. Aber wie schon im Vorwort erwähnt, war es nicht zuletzt mein Anliegen, Sie gut zu unterhalten und Ihnen auf diesem Wege gleich noch einige nützliche Überlegungen näherzubringen.

Es gibt ja zum Thema Hund noch eine Fülle von Themen, die sich lohnen, behandelt zu werden. Und bei denen es sich ebenso anbietet, sie überspitzt und auf humoristische Weise darzustellen - das nächste Mal, der Folgeband ist in Arbeit.

Jetzt aber noch ein paar abschließende Worte zu diesem Buch: Sie sollen durch die Lektüre keineswegs den Eindruck bekommen, einen Hund zu halten würde bedeuten, vierundzwanzig Stunden am Tag gnadenlos konsequente Erziehungsarbeit leisten zu müssen.

Dem ist nicht so.

In der Hauptsache ist es einfach angenehm, einen so guten Kameraden, ein für Zuneigung und Streicheleinheiten so empfängliches Wesen um sich zu haben, wie ein Hund es nun einmal ist. Und nicht zuletzt ist das regelmäßige Gassigehen der Gesundheit doch recht zuträglich.

Sie können viel Spaß mit Ihrem Hund haben. Ihm frühzeitig und entschieden klar zu machen, wer der Herr im Haus ist, heißt nicht, ihn von morgens bis abends zu schikanieren.

Schließlich soll er ja nicht leben wie ein Hund.